SCHLOSSLABOR TÜBINGEN
WIEGE DER BIOCHEMIE

Kleine Monographien des MUT
Herausgegeben von Ernst Seidl und Frank Duerr

Band 3

© Museum der Universität Tübingen MUT, 2015
ISBN: 978-3-9816616-8-2

Thomas Beck

Schlosslabor Tübingen

WIEGE DER BIOCHEMIE

INHALT

EINFÜHRUNG

In der einstigen Küche des Tübinger Schlosses richtete die Universität im Jahr 1818 ein chemisches Labor ein, das bald zu einer der weltweit ersten Forschungsstätten der Biochemie wurde. Georg Carl Ludwig Sigwart und Julius Eugen Schlossberger gehörten zu den Pionieren dieses Fachs, das die chemischen Vorgänge in Lebewesen erforscht, besonders den Stoffwechsel des Menschen. Herausragende Forschungen gelangen der frühen Tübinger Biochemie in der Ära von Felix Hoppe-Seyler, der 1861 als Professor berufen wurde. Er untersuchte den roten Blutfarbstoff und gab ihm den Namen „Hämoglobin". Sein Schüler Friedrich Miescher machte 1869 im Schlosslabor die bahnbrechende Entdeckung eines Stoffes, den er „Nuklein" nannte – heute als die Nukleinsäuren DNA und RNA bekannt, die Träger der Erbinformation. Schon lange hegte die Universität Tübingen den Wunsch, diesen bedeutenden Ort der Wissenschaftsgeschichte als Museumsraum zugänglich zu machen und die historischen Leistungen der Tübinger Biochemie zeitgemäß zu vermitteln. Im Jahr 2014 bot das Tübinger Biopharma-Unternehmen CureVac an, die museale Einrichtung aus Geldern eines europäischen Forschungspreises zu finanzieren. So konnte im November 2015 die Dauerausstellung „Schlosslabor Tübingen – Wiege der Biochemie" eröffnet

Abb. 1   Adam Gatternicht: Das Tübinger Schloss vom oberen Neckar aus (Farblithographie, um 1855)

werden. Die historischen Geräte und Präparate der Ausstellung geben einen Eindruck von der Laborarbeit im 19. Jahrhundert, interaktive Medien vermitteln Einblicke in die moderne biochemische Forschung. Im Zentrum der Präsentation steht das bislang nicht zugängliche, originale Reagenzglas Friedrich Mieschers mit Nukleinsäure.

Der vorliegende Band erscheint anlässlich der Eröffnung des Schlosslabors als Museumsraum und zeichnet die Geschichte der Tübinger Biochemie nach. Der Autor konnte dabei auf zahlreiche wissenschaftshistorische Vorarbeiten zurückgreifen, vor allem von Peter Bohley und Ralf Dahm, auf die zur vertiefenden Lektüre gerne verwiesen sei (Literaturauswahl am Ende dieses Bandes).

Abb. 2   Das Schlosslabor im Jahr 1879 (Foto von Paul Sinner); durch die geöffnete, heute vermauerte Tür sieht man in den zweiten Laborraum

DIE ANFÄNGE DER BIOCHEMIE
IN TÜBINGEN

Die Biochemie als eigenständige Disziplin der angewandten Chemie hieß in ihren Anfängen noch Tier- oder Zoochemie, später dann physiologische Chemie und war schon immer eng mit den Fächern Medizin und Pharmazie verbunden. Bereits in früheren Jahrhunderten begannen Naturforscher, die Substanzen im menschlichen, tierischen und pflanzlichen Organismus zu untersuchen. Aber erst im Laufe des 19. Jahrhunderts entstand daraus ein eigenes Forschungsgebiet, das bald über die bloße Analyse organischer Stoffe hinausging und die Stoffwechselvorgänge in den Blick nahm.

Ein wichtiger Meilenstein auf dem Weg zur Biochemie war die künstliche Herstellung von Harnstoff durch Friedrich Wöhler im Jahr 1828. Sie zeigte, dass auch organische Substanzen durch Synthese aus körperfremden Stoffen entstehen können. Damit war ein erstes, starkes Indiz dafür gefunden, dass auch die Chemie der Organismen durch die Regeln der gewöhnlichen Chemie beschrieben werden konnte. Ob die Biochemie auch die Entstehung von Leben erklären kann, war hingegen eine Frage, die im sogenannten Vitalismus-Streit das ganze 19. Jahrhundert über umstritten blieb. Die Gegner dieser Idee, die Vitalisten, gingen von einer transzendenten Lebenskraft oder

Beseelung aus, welche es organischen Substanzen erst ermögliche, Leben hervorzubringen. Die Befürworter sahen hingegen das Leben von Organismen in der Chemie ihrer Zellen und Gewebe begründet und strebten danach, die ganze Medizin auf eine chemische Grundlage zu stellen. Mit den Erkenntnisfortschritten der Biochemie setzte sich diese reduktionistische Position allmählich durch.

Eine genaue Geburtsstunde der Biochemie lässt sich nicht angeben. Recht präzise kann aber die herausragende Rolle der Universität Tübingen bei der Entstehung der Disziplin nachgezeichnet werden. Diese Bedeutung als „Wiege der Biochemie" ist eng mit der Institution des sogenannten Schlosslaboratoriums verbunden, einem chemischen Labor auf Schloss Hohentübingen. Wie kam es zu dieser ungewöhnlichen Örtlichkeit? Das Tübinger Schloss, einst eine wehrhafte Burg, gehörte über Jahrhunderte den württembergischen Herzögen. Doch im 18. Jahrhundert verlor es seine einstige Bedeutung als Landesfestung. Die erste Nutzung des Schlosses durch die Tübinger Universität datiert aus dem Jahr 1752, als im Nordost-Turm ein astronomisches Observatorium eingerichtet wurde. Anfang des 19. Jahrhunderts kamen weitere wissenschaftliche Einrichtungen hinzu; im Dezember 1816 schließlich übertrug König Wilhelm I. das gesamte Schloss offiziell an die Tübinger Universität. Auch für den Lehrstuhl für Chemie waren neue Räumlichkeiten im Schloss vorgesehen: Schon 1810 plante die Königliche Oberstudiendirektion, das chemische Labor der Universität in die einstige Hofküche des Schlosses zu verlegen, doch der damalige Lehrstuhlinhaber Carl Friedrich Kielmeyer (1765–1844) verweigerte sich diesem Ansinnen mit Nachdruck. Nach Kielmeyers Weggang wurde der

Abb. 3 Der Erweiterungsraum des Schlosslabors in der ehemaligen Waschküche (Foto von Paul Sinner, 1879)

Umzug dann 1818 vollzogen. Aber auch seinem Nachfolger, dem jungen Christian Gottlob Gmelin (1792–1860), war der neue Ort nicht genehm – er arbeitete die meiste Zeit im bequemeren Labor seiner Apotheke am Markt. Dabei war das Schlosslabor mit hohen Kosten von 6000 Gulden für Gmelin eingerichtet und 1823 sogar noch um die benachbarte einstige Waschküche erweitert worden. Doch die abseitige Lage auf dem Schlossberg sowie die dunklen und kalten Gemäuer machten die Arbeit dort unattraktiv. So bevölkerten für lange Zeit vor allem Studenten und Doktoranden das Laboratorium im Schloss. Letztlich gab Gmelin die Leitung des Labors an seinen Assistenten Georg Carl Ludwig Sigwart (1784–1864) ab. Der in Tübingen geborene Sigwart hatte an seiner Heimatuniversität Medizin studiert, bevor er 1808 eine erste Stelle als Chemiker in München annahm. Ab 1810 war er unter Johann Christian Reil zunächst in Halle an der Saale, dann in Berlin als Privatdozent für Tierchemie tätig. Über Umwege kehrte er nach Tübingen zurück und hielt hier seit 1815 in nahezu jedem Semester Vorlesungen über die Chemie der Lebewesen, lehrte aber auch Botanik und allgemeine Chemie. Als Arbeitsplatz erhielt Sigwart einen versteckt gelegenen Raum abseits des Schlosslabors, der nur umständlich über eine Pforte an der Westseite des Schlosses erreichbar war. Trotz der widrigen Verhältnisse machte er sich um die Erforschung der Blutbestandteile und der Eiweißstoffe verdient. Später erweiterte er sein Interesse auf die Gebiete der Landwirtschafts-Chemie und vor allem der Chemie der Mineralwasser.

Mit seinen regelmäßigen Vorlesungen über Tier- und Pflanzenchemie, physiologische und pharmazeutische Chemie darf Sigwart als einer der ersten Biochemiker gelten. In

einem Aufsatz von 1815 beschrieb er die Aufgaben des neuen Fachgebiets: Es betrachte nicht nur die stofflichen Produkte des Organismus im Hinblick auf ihre chemische Beschaffenheit, sondern auch deren Entstehung durch chemische Vorgänge. Mit dieser Definition hat Sigwart das Fach Biochemie auch aus heutiger Sicht durchaus treffend umrissen.

Trotz Gmelins Unterstützung gelang es in jener Zeit noch nicht, die physiologische Chemie als vollwertige Professur in Tübingen zu etablieren. Sigwart war am Lehrstuhl für Chemie lediglich als Assistent angestellt. Schon 1818 wurde er zwar zusätzlich zum außerordentlichen Professor ernannt, kam jedoch zeitlebens nie über die ärmliche Entlohnung auf dem Niveau einer Assistentenstelle hinaus. Trotz Unterstüt-

zung aus der Universität sah das zuständige Ministerium in Stuttgart keine Notwendigkeit, Sigwart und seine biochemische Forschung und Lehre finanziell zu stärken. Seine letzte Vorlesung hielt er im hohen Alter von 78 Jahren, ein Jahr vor seinem Tod 1864.

Zur Wiege der Biochemie als wissenschaftlicher Disziplin wurde das Schlosslabor vor allem in der Zeit ab 1846. In jenem Jahr wurde Julius Eugen Schloßberger (1819–1860) zum außerordentlichen Professor für angewandte Chemie berufen, und die allgemeine Chemie Gmelins zog in ein neues Labor in der Wilhelmstraße um.

Der in Stuttgart geborene Schloßberger ging 1837 zum Studium der Medizin nach Tübingen und promovierte bei

Gmelin auf dem Gebiet der Tierchemie. Ein Studienaufenthalt bei Justus Liebig in Gießen brachte ihm die Empfehlung nach Edinburgh ein, wo er 1844 Laborassistent des Liebig-Schülers William Gregory wurde. Schon zwei Jahre später erhielt er den Ruf an die Universität Tübingen. Dort waren mit Schloßberger und Sigwart fortan gleich zwei Wissenschaftler angestellt, die auf dem Gebiet der physiologischen Chemie lehrten. Im Gegensatz zu Sigwart trieb Schloßberger seine Karriere erfolgreicher voran und erreichte beim Kultusministerium 1859 eine Beförderung zum ordentlichen Professor. Damit war Schloßberger der weltweit erste Ordinarius für physiologische Chemie, auch wenn sich seine Spezialisierung noch hinter der Bezeichnung „angewandte Chemie" versteckte – eine Abgrenzung gegenüber der allgemeinen Chemie, die nun „theoretische Chemie" hieß. Bereits einige Monate nach seiner Beförderung starb Schloßberger jedoch an einer Lungentuberkulose.

Er gab der Entwicklung der Biochemie vielerlei Impulse. In fast einhundert Publikationen widmete er sich einem weiten Themenspektrum: Er forschte über die Hefe, über Kreatin im Muskel des Alligators oder den Jodgehalt von Korallen, um nur wenige Beispiele zu nennen. Sein „Lehrbuch der organischen Chemie" mit Schwerpunkt auf der physiologischen Chemie (Abb. 6) war sehr beliebt und erlebte fünf Auflagen innerhalb von nur zehn Jahren. Es gehört zu den ganz frühen publizistischen Beispielen, in denen eine Überblicksdarstellung des biochemischen Wissensstandes der Zeit versucht wurde. Zu seinem Dienstantritt im Schlosslabor legte Schlossberger ein Rechnungsbuch an, das erhalten geblieben ist und heute eine aufschlussreiche Quelle für den Laborbetrieb der damaligen Zeit darstellt (Abb. 7).

ʻLehrbuch

der

organischen Chemie

mit besonderer Rücksicht

auf

Physiologie und Pathologie, auf Pharmacie, Technik und Landwirthschaft

von

J. E. Schlossberger,

Med. et Chir. Dr., Professor der Chemie an der Universität Tübingen, früherem ersten Assistenten an dem Laboratorium der Universität Edinburgh.

Zweite, durchaus revidirte und vielfach vermehrte Auflage.

Stuttgart,

J. B. Müller's Verlagsbuchhandlung.

1852.

Abb. 6   Das „Lehrbuch der organischen Chemie", hier in der 2. Auflage 1852

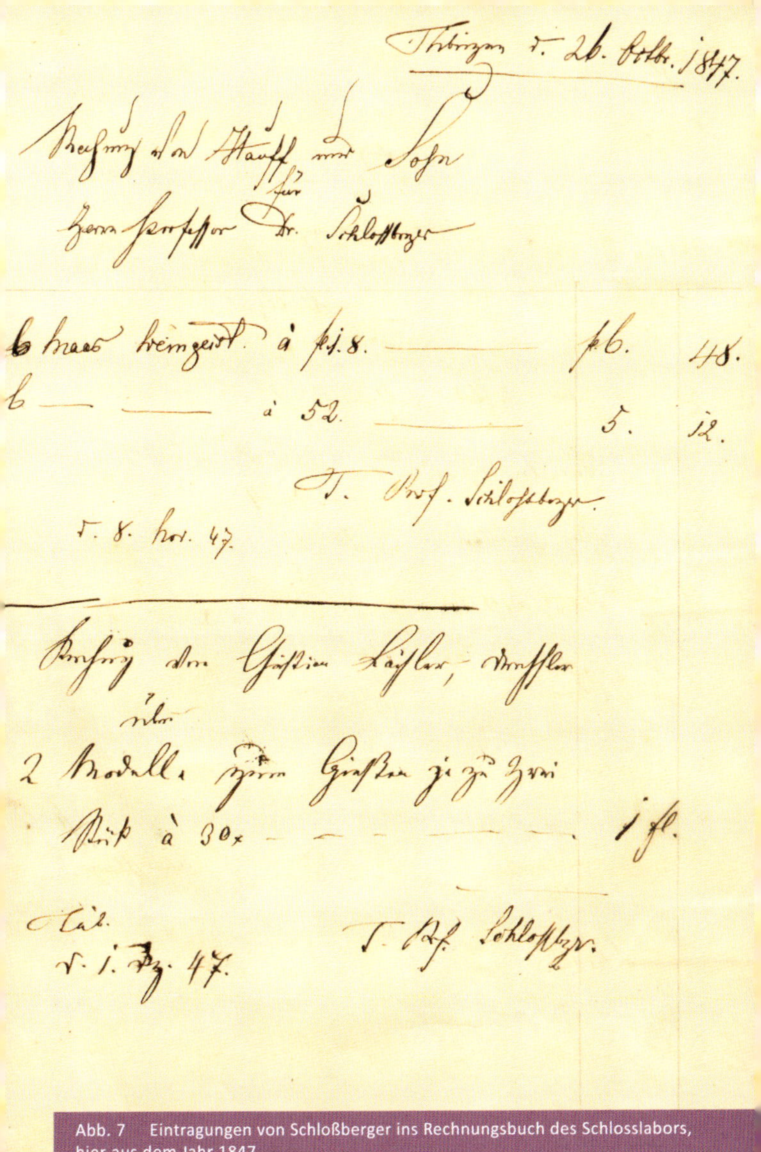

DIE ÄRA VON FELIX HOPPE-SEYLER

Die Entwicklung der Biochemie als eigenständiges Fach ist untrennbar mit dem Namen von Felix Hoppe-Seyler (1825–95) verbunden. Er schrieb ein Methoden-Handbuch, begründete die erste biochemische Fachzeitschrift und organisierte einen regen Laborbetrieb, an dem in zehn Jahren knapp vierzig Nachwuchswissenschaftler partizipierten. Im Gegensatz zu seinem Vorgänger, Julius Eugen Schloßberger, etablierte Hoppe-Seyler eine systematische Herangehensweise an physiologisch-chemische Forschungsfragen. Hoppe-Seyler studierte zunächst Medizin in Halle, Leipzig und Berlin, wo er 1850 promoviert wurde und zwei Jahre lang als Arzt praktizierte. Anschließend habilitierte er sich an der Universität Greifswald für physiologische und pathologische Chemie. Im Jahr 1856 berief ihn Rudolf Virchow ans Pathologische Institut der Charité nach Berlin, wo er die chemische Abteilung übernahm und 1860 zum außerordentlichen Professor ernannt wurde. Dies hielt ihn zunächst davon ab, im selben Jahr einen Ruf nach Tübingen anzunehmen, da man hier die angewandte Chemie wieder nur in Form einer außerordentlichen Professur besetzen wollte. Erst, als man ihm eine ordentliche Professur antrug und den geforderten Jahresetat für das Schlosslabor bewilligte, trat Hoppe-Seyler 1861 die neue Stelle an. Offenbar direkt

nach seiner Übernahme des Schlosslabors legte er ein Inventarbuch an, das im Museumsraum ausgestellt ist (Abb. 9) und das die vorhandene Ausstattung des Laboratoriums bis zu seiner Auflösung praktisch vollständig dokumentiert. Hoppe-Seyler blieb elf Jahre in Tübingen, ehe ihn die Aussicht auf ein besseres Labor 1872 an die vom Deutschen Reich fast völlig neugegründete Universität nach Straßburg lockte. Zu Hoppe-Seylers großen wissenschaftlichen Verdiensten gehören seine systematischen Studien zum roten Blutfarbstoff, den er 1864 „Hämoglobin" benannte – ein Forschungsgebiet, das auch seine Nachfolger in Tübingen bis weit ins 20. Jahrhundert hinein weiterführten. Dass die Erforschung des Blutes als „Lebenssaft" von besonderem

Abb. 9 „Inventarium der Instrumente und Apparate des Schloss-Labora-
toriums", angelegt von Hoppe-Seyler bei Antritt seiner Professur 1861

Interesse für die Biochemie war, liegt auf der Hand. Friedrich Ludwig Hünefeld hatte 1840 als erster den Blutfarbstoff beschrieben, „der die Luft absorbirt enthält". Wie dieser Stoff chemisch aufgebaut ist, wie er bei der Atmung Sauerstoff aufnimmt und in welchen Varianten er bei Mensch und Tier vorkommt, das waren einige die Fragen, denen Hoppe-Seyler in langjährigen Studien nachging. Er isolierte das Hämoglobin in sehr reiner, kristalliner Form und konnte damit Elementaranalysen beginnen, also die chemische Zusammensetzung der Substanz untersuchen. Er beschrieb als erster die reversible Sauerstoff-Sättigung des Hämoglobins und entdeckte auch das Derivat Methämoglobin. Ferner führte Hoppe-Seyler die Spektralanalyse für die Untersuchung von Körperflüssigkeiten in die Biochemie ein und fand durch diese Methode heraus, dass in verschiedenen Säugetieren und im Menschen dieselbe Art von Hämoglobin im Blut vorliegen müsse. Seit 1867 erforschte er auch die Beziehung der Gallensäuren zum Blutfarbstoff und erkannte dabei, dass Hämoglobin in den gelben Gallenfarbstoff Bilirubin umgewandelt wird.

Neben diesen Studien arbeitete Felix Hoppe-Seyler auch über die Chemie des Harns, später in Straßburg auch über Muskelkontraktion, Fettsäuren und Gärungschemie.

Eine große Bedeutung für die Etablierung des Faches Biochemie erlangte sein „Handbuch der physiologisch- und pathologisch-chemischen Analyse für Ärzte und Studierende", das noch lange nach seinem Tod fortgeschrieben wurde und über hundert Jahre hinweg in insgesamt zehn Auflagen und Bearbeitungen erschienen ist. Abb. 11 zeigt die ausgestellte dritte Auflage aus Hoppe-Seylers Tübinger Zeit. In diesem Lehrbuch beschreibt er ausführlich die ver-

EHEMALIGES SCHL...
ARBEITSS...
FELIX HOPPE-S...
U...
GUSTAV HÜF...
AM 100·GEBURTST...
DEM 26·
DIE NATURWISSEN...

Abb. 10   Gedenktafel für Hoppe-Seyler am Eingang zum Schlosslabor
(Foto: Hedwig Storch, CC BY-SA)

SLABORATORIUM
TTE VON
EYLER 1861–72
D
ER 1872–85
G HOPPE-SEYLERS
EZ·1925
CHAFTL·FACULTÄT

HANDBUCH

der

Physiologisch- und Pathologisch-

CHEMISCHEN ANALYSE

für

Aerzte und Studirende.

Von

Felix Hoppe-Seyler

Doctor der Medicin, Chirurgie und Naturwissenschaften, ord. Professor der angewandten
Chemie an der Universität Tübingen.

Dritte Auflage.

Mit 14 Holzschnitten und 1 Tafel in Farbendruck.

BERLIN 1870.

Verlag von August Hirschwald

Abb. 11   Felix Hoppe-Seyler: Handbuch der physiologisch- und pathologisch-
chemischen Analyse, 3. Auflage 1870

schiedenen Analysetechniken im Labor, deren Beherrschung für die Arbeit in der physiologischen Chemie die Grundlage darstellen.

Ein weiteres publizistisches Projekt betrieb Hoppe-Seyler über viele Jahre hinweg: die Gründung einer eigenen Fachzeitschrift für die neue Disziplin. Noch in den 1860er Jahren mangelte es an geeigneten Publikationsmöglichkeiten für biochemische Forschungen; man wich notgedrungen auf allgemeine physiologische oder biologische Fachzeitschriften aus. Daher rief Hoppe-Seyler 1866 die Reihe „Medicinisch-chemische Untersuchungen" ins Leben, die den Untertitel trug: „Aus dem Laboratorium für angewandte Chemie zu Tübingen" (Abb. 12). Er publizierte darin seine eigenen Studien ebenso wie die Forschungsergebnisse seiner Mitarbeiter im Schlosslabor. Nach dem Erscheinen eines vierten Bandes wurde die Reihe jedoch 1871 eingestellt, zu eng erschien Hoppe-Seyler nun die Beschränkung auf die Tübinger Forschung. Doch die Idee einer Fachzeitschrift begleitete ihn bis an die neue Wirkungsstätte nach Straßburg. 1877 schließlich gründete er die „Zeitschrift für Physiologische Chemie" als erstes Fachblatt für die biochemische Forschung. Nach seinem Tod wurde sie unter dem Namen „Hoppe-Seyler's Zeitschrift für physiologische Chemie" bis 1985 fortgeführt, heute heißt sie „Biological Chemistry".

In Hoppe-Seylers erste Jahre am Schlosslabor fällt die Tübinger Gründung der ersten deutschen naturwissenschaftlichen Fakultät. Der Anlass dazu hatte direkt mit dem Lehrstuhl „für angewandte und medizinische Chemie" zu tun, wie Hoppe-Seylers Professur offiziell tituliert wurde, und war ein bedeutender Schritt für die akademische Emanzipation der Naturwissenschaften. Denn über viele

Medicinisch-chemische

UNTERSUCHUNGEN.

Aus dem

Laboratorium für angewandte Chemie zu Tübingen

herausgegeben

von

Dr. FELIX HOPPE-SEYLER

o. ö. Professor der angewandten Chemie an der Universität Tübingen.

ERSTES HEFT.

Mit drei lithographirten Tafeln.

Verlag von August Hirschwald.

Jahrhunderte hinweg waren die Universitäten in die klassischen Fakultäten Theologie, Jura, Medizin und Philosophie unterteilt. Naturwissenschaftliche Disziplinen wie die Chemie, die Botanik oder die Zoologie wurden meist der Medizin zugeordnet; wer also Chemiker werden wollte, promovierte in Medizin. Die als Grundlagenfächer angesehenen Disziplinen Mathematik mit Astronomie, Physik und Mineralogie hingegen gehörten traditionell zur philosophischen Fakultät.

Mit der Gründung der ersten eigenständigen Fakultät für Naturwissenschaften an einer deutschen Universität wurde Tübingen 1863 Vorbild für viele andere Hochschulen, aber der Weg dahin war von scharfen Auseinandersetzungen begleitet. Den Anlass für die Gründung der Fakultät gab wie erwähnt die Chemie: Sie war Mitte des 19. Jahrhunderts das bemerkenswerteste Beispiel für schnellen Fortschritt in den experimentellen Naturwissenschaften; sie befruchtete auch die technologisch-industrielle Entwicklung und sollte in Forschung und Lehre gestärkt werden. Das Kultusministerium in Stuttgart, womöglich auf Drängen des Königs selbst, wünschte die Schaffung eines zweiten, anwendungsorientierten Lehrstuhls für Chemie an der Landesuniversität Tübingen. Daraufhin wurde Schloßbergers Professur 1859 zum Ordinariat aufgewertet, und es war die medizinische Fakultät, die sich nun für eine Ausgliederung aller Naturwissenschaften in eine eigene Fakultät einsetzte. Sie wollte die experimentelle Wissenschaft in ihrer Bedeutung von der Philosophie abgrenzen, was ihr die heftige Widerrede etlicher Vertreter der philosophischen Fakultät einbrachte, die sich in ihrem Selbstverständnis als Fakultät für Grundlagenwissenschaften erschüttert sah. Die Gegner des Vorhabens setzten sich im Senat der Universität zunächst durch; und erst im zweiten Versuch 1863 fand sich schließlich eine Mehrheit.

Felix Hoppe-Seyler unterhielt im Schlosslabor einen regen Forschungsbetrieb mit Nachwuchswissenschaftlern. Alleine 39 Mitarbeiter und Schüler sind aus seiner Tübinger Zeit namentlich bekannt, darunter zahlreiche Absolventen aus Russland, wo Hoppe-Seyler einen ausgezeichneten Ruf genoss. Die ältesten erhaltenen Präparate aus dem Schlosslabor stammen aus den Jahren um 1863/64 und mehrheitlich aus der Hand des jungen Mediziners Nikolai Lavrentievich Zalesky aus St. Petersburg, der später Professor für Pharmakologie in Charkow (heute Ukraine) wurde. Wie der Blick auf die Exponate aus dieser Zeit zeigt, isolierte und untersuchte Zalesky unter anderem Harnsäure, Harnstoff und Kreatin und beschriftete die Präparategläschen häufig mit seinem Namen und der Jahreszahl. Abb. 13 zeigt ein solches Reagenzgläschen mit der Aufschrift „Kreatin aus Schlangen-Muskeln 1864 Dr. Zalesky". Kreatin ist ein Stoff, der unter anderem für die Muskelkontraktion eine Rolle spielt und deshalb besonders im Muskelfleisch zu finden ist. Abb. 14 zeigt das älteste datierte Präparat aus dem Schlosslabor, Harnsäure aus Gänseblut von 1863.

Harnsäure ist ein Endprodukt aus dem Abbau von Nukleinsäuren, deren bekanntester Vertreter die DNA ist, der Speicher der Erbinformation. Die genaue Herkunft von Harnsäure war zu Lebzeiten von Hoppe-Seyler und Zalesky freilich noch unbekannt. Dennoch ist es ein schöner Zufall, dass ausgerechnet Harnsäure als ältestes Präparat aus dem Schlosslabor überliefert ist – dort, wo nur wenige Jahre später ein anderer Schüler Hoppe-Seylers die Stoffgruppe der

Abb. 13 Kreatin aus Schlangen-
muskeln, Nikolai Zalesky 1864

Abb. 14 Harnsäure aus Gänseblut, Nikolai Zalesky 1863

Nukleinsäuren überhaupt erst entdecken sollte: Friedrich
Miescher.

Abb. 15 Porträt Friedrich Miescher

DIE ENTDECKUNG DER NUKLEINSÄURE DURCH FRIEDRICH MIESCHER

Unter den Tübinger Schülern und Assistenten von Felix Hoppe-Seyler ist der aus Basel stammende Friedrich Miescher (1844–95) der bedeutendste. Ihm gelang 1869 im Schlosslabor die bahnbrechende Entdeckung eines Stoffes, den er „Nuklein" nannte – heute als die Nukleinsäuren DNA und RNA bekannt, die Träger der Erbinformation. Miescher war zu diesem Zeitpunkt gerade einmal 24 Jahre alt und hatte erst im Vorjahr sein Studium der Medizin in Basel abgeschlossen.

Mieschers Onkel, der Medizinprofessor Wilhelm His, weckte zu dieser Zeit sein Interesse für die Chemie der Zelle und damit für die neue Disziplin der physiologischen Chemie. Um sich in der Laborarbeit zu schulen, ging Miescher im Frühjahr 1868 nach Tübingen. Zunächst machte er sich bei Adolph Strecker mit den wichtigsten Arbeitstechniken in der organischen Chemie vertraut, ab Herbst wechselte er dann ins biochemische Schlosslabor von Hoppe-Seyler.

Mit dem Plan, die Chemie einzelner, einfacher Zellen zu erforschen, widmete sich Miescher den Leukozyten, den weißen Blutkörperchen. Um an Leukozyten zu gelangen, wählte er eine wenig appetitliche, aber sehr ergiebige Quelle: Er sammelte im Tübinger Krankenhaus benutzte Wundverbände, um aus dem Eiter die darin enthaltenen

Abb. 16 Historische Präparate aus dem Schlosslabor

weißen Blutzellen auszuwaschen. Nach aufwändigen Untersuchungen stieß er in den Zellkernen auf eine völlig neuartige Substanz. Er nannte sie „Nuklein" – nach dem lateinischen Wort für Kern, nucleus. Um diese Kernsubstanz genauer zu untersuchen, setzte Miescher das Verdauungs-Enzym Pepsin ein, das er aus Schweinemägen gewann. Mit Hilfe des Enzyms ließen sich die Eiterzellen so vollständig zersetzen, dass nur noch das reine Nuklein übrig blieb. Miescher führte mit dem isolierten Stoff Elementaranalysen durch und konnte das Nuklein als eine bis dahin völlig unbekannte Zellsubstanz charakterisieren – unter anderem hatte sie einen ungewöhnlich hohen Anteil an Phosphor.

Über die Bedeutung des Nukleins konnte Miescher bloß spekulieren. Heute wissen wir, dass er nichts Geringeres entdeckt hat als die Substanz, in der unsere Erbinformation codiert ist: die DNA. Sie trägt bis heute die Bezeichnung „Nuklein" im Namen, denn DNA oder deutsch DNS steht für „Desoxyribonukleinsäure". Aus Mieschers Hand ist ein originales Präparat mit isolierter DNA erhalten: Es trägt die Aufschrift „Nuclein aus Lachssperma / F. Miescher" und dürfte um 1871 entstanden sein, als Miescher in Basel seine Untersuchungen mit Rhein-Lachsen fortsetzte. Dieses Reagenzglas ist wohl das älteste erhaltene Präparat des so bedeutsamen Stoffes. Auch wenn über die Funktion des Nukleins zu jener Zeit nur spekuliert werden konnte: Miescher hat mit seiner Entdeckung die dritte wichtige biochemische Stoffgruppe nach den Proteinen (Eiweißen) und den Lipiden (Fetten) entdeckt. Die Publikation seiner Arbeit erfolgte erst 1871 im vierten Band der „Medicinisch-chemischen Untersuchungen", da Hoppe-Seyler zunächst skeptisch

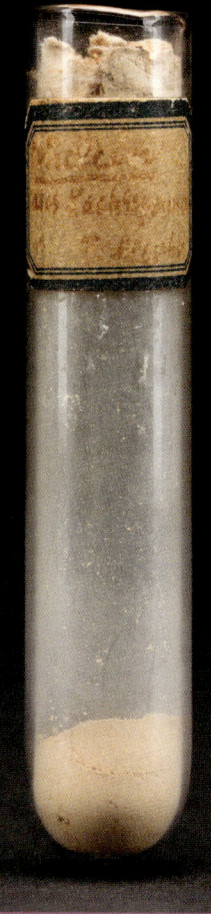

Abb. 17 Reagenzglas mit Nuklein aus Lachs-Sperma, von Friedrich Miescher beschriftet und mit seinem Namen versehen (um 1871)

war und Mieschers Versuche ausführlich wiederholen und prüfen ließ.

Nach dem Weggang aus Tübingen vertiefte Miescher zunächst seine physiologische Ausbildung bei Carl Ludwig in Leipzig. 1871 habilitierte er sich dann als Privatdozent an der Universität Basel und wurde dort bereits im folgenden Jahr Nachfolger seines Onkels als Professor für Physiologie. Zwar nahm er in Basel die Forschungen am Nuklein wieder auf, litt jedoch unter dem Mangel eines eigenen biochemischen Labors.

Miescher sehnte sich „lebhaft nach den Fleischtöpfen des Tübinger Schlosslaboratoriums zurück", wie er an einen Freund schrieb. Dennoch gelangen ihm weitere bedeutende

Forschungen auf dem Feld der Biochemie: Arbeiten zum Proteinumsatz etwa und die Entdeckung, dass nicht der Sauerstoff, sondern der Gehalt an Kohlendioxid in der Luft die chemische Regulation der Atmung bedingt. Miescher wurde nur 51 Jahre alt und starb 1895 an Tuberkulose – im selben Jahr wie sein einstiger Lehrer Felix Hoppe-Seyler. Zum 100. Jahrestag der Entdeckung des Nukleins gründete die Max-Planck-Gesellschaft 1969 in Tübingen das Friedrich-Miescher-Laboratorium für biologische Arbeitsgruppen. Wie einst Miescher bei Hoppe-Seyler, erhalten dort Nachwuchswissenschaftler die Möglichkeit zur selbstständigen Forschung. Ein Jahr später wurde in Basel das private Friedrich-Miescher-Institut gegründet; auch der Schweizer Friedrich-Miescher-Preis für biochemische Forschung ist nach ihm benannt. Im Jahr des 120. Todestages von Friedrich Miescher und Felix Hoppe-Seyler, im November 2015, eröffnete das Museum der Universität Tübingen MUT den neuen Museumsraum „Schlosslabor Tübingen – Wiege der Biochemie".

Abb. 20 Porträt Gustav Hüfner

DAS PHYSIOLOGISCH-CHEMISCHE INSTITUT

Nachfolger von Felix Hoppe-Seyler am Tübinger Schloss-labor wurde 1872 Gustav Hüfner (1840–1908). Er erhielt zunächst jedoch nur eine außerordentliche Professur für organische und physiologische Chemie. Hüfner stammte aus Thüringen und hatte in Leipzig und Jena ein Medizinstudium absolviert. Danach war er bei Robert Bunsen in Heidelberg und Carl Ludwig in Leipzig tätig, wo er sich 1869 in der che-mischen Abteilung des Physiologischen Instituts habilitierte. Drei Jahre nach der Berufung nach Tübingen erreichte Hüfner 1875 die Umwandlung seines außerordentlichen Lehrstuhls in ein Ordinariat, was ihm die Mitgliedschaft im akademischen Senat einbrachte. In den Folgejahren versuchte er, die physiologische Chemie in der Universität als eigenständige Disziplin neben der organischen Chemie zu stärken, was zunächst auf Widerstände der übrigen Chemiker stieß.

Unter Hüfner stieg die Zahl der Studenten und Nachwuchs-wissenschaftler so stark an, dass das Schlosslabor bald keinen ausreichenden Platz mehr bot. Vor allem aber war es baulich-technisch mangelhaft geworden, „den Ansprüchen der modernen Wissenschaft keineswegs mehr entspre-chend", wie Hüfner konstatierte. Nach langen Bemühungen fand sich das Land 1883 bereit, einen Neubau für die phy-siologische Chemie in der Gmelinstraße zu finanzieren. Drei

Jahre später war das Gebäude errichtet, an der Stelle des heutigen Hörsaalzentrums „Kupferbau". Dort war die Biochemie den medizinischen Instituten räumlich näher, und sie stellte keine Brandgefahr mehr dar für die damals im Schloss ansässige Universitätsbibliothek. Hüfner erreichte, dass mit dem Bezug des neuen Laborgebäudes 1886 der Lehrstuhl zum eigenständigen „Physiologisch-Chemischen Institut" aufgewertet wurde.

Hüfner sah sich bei der Eröffnung des neuen Gebäudes veranlasst, die Bedeutung der physiologischen Chemie zu verteidigen. Denn noch immer waren Tübingen und Straßburg die einzigen deutschen Universitäten, die eigenständige Lehrstühle für diese Disziplin unterhielten. Auseinandersetzungen mit Fachkollegen trug Hüfner auch im Hinblick auf die Lehre aus: sein neues Institut sollte zur chemischen Ausbildungsstätte der Medizinstudenten werden. Noch unter Hoppe-Seyler wechselten die Chemiker sich in der Vorlesung für Mediziner ab; ein strukturiertes Curriculum gab es nicht. „Der physiologische Chemiker muss danach trachten, den gesamten chemischen Unterricht der Mediziner in die Hand zu bekommen, wie es bei mir in Tübingen jetzt der Fall ist", schrieb Hüfner 1892. Am Physiologisch-Chemischen Institut hatten die Medizinstudenten fortan ein spezifisches Laborpraktikum zu absolvieren und eine Vorlesung zu hören, deren Inhalte klar definiert waren. Damit wurde Tübingen zu einem bedeutenden Ausgangspunkt für die Bestrebung, der Medizin schon in der Ausbildung ein chemisches Fundament zu verleihen. Reine Chemiestudenten waren zu Hüfners Zeit eine kleine Minderheit, das biochemische Labor bevölkerten vor allem Mediziner und Pharmazeuten.

Wissenschaftlich setzte Hüfner vor allem die von Hoppe-Seyler begonnenen Forschungen zur Biochemie des Blutfarbstoffs Hämoglobin fort. Er ermittelte unter anderem die maximale Sauerstoffbindung an das Hämoglobin – dieser Wert ist bis heute unter dem Namen „Hüfner-Zahl" bekannt. Hüfner hatte im neuen Institutsgebäude hervorragende Arbeitsbedingungen, schlug eine Berufung nach Straßburg aus und blieb bis zu seinem Tod 1908 in Tübingen.

Ebenfalls mit der Forschung zum Hämoglobin eng verbunden ist der Name von William Küster (1863–1929). Er studierte ab 1882 in Tübingen, Berlin und Leipzig Mathematik und Naturwissenschaften, zuletzt Chemie, und wurde 1890

Abb. 22 Historische Präparate aus dem von Hüfner gegründeten Physiologisch-Chemischen Institut

Physiolog.-chem. Institut

Tübingen.

Physiolog.-chem. Institut

Tübingen.

Physiolog.-chem. Institut

Kohlenoxyd
globin d. He
Tübingen.

997

Abb. 23 Historisches Hämoglo-
bin-Präparat

Abb. 24 Porträt William Küster,
1896

Assistent von Hüfner in Tübingen. Hüfner bezog ihn in seine
Forschungen zur Chemie des Blutes ein, wo sich Küster bald
durch eigene wissenschaftliche Leistungen hervortat. Nach
seinem Weggang aus Tübingen 1903 gelang es ihm sogar,
für das komplizierte Häminmolekül eine Formel aufzustel-
len. Sie wurde später von Hans Fischer durch die Synthese
des Stoffes weitgehend bestätigt. Fischer erhielt hierfür
1930 den Nobelpreis – hätte Küster zu diesem Zeitpunkt
noch gelebt, wäre er womöglich gemeinsam mit Fischer
ausgezeichnet worden. Bereits 1913 war er für den Nobelpreis vorgeschlagen worden.

DIE LEISTUNGEN IM 20. JAHRHUNDERT

In der Diskussion um die Nachfolge des 1908 verstorbenen Gustav Hüfner entbrannte an der Universität ein Streit um die künftige Ausrichtung des Lehrstuhls und Instituts. Insbesondere die Chemie drängte auf die Umwidmung zu einem Ordinariat für physikalische Chemie – einem Fachgebiet, das für die moderne Chemie unerlässlich geworden war. Schließlich einigte man sich aber auf eine Fortführung der physiologischen Chemie und berief den bereits 50jährigen Hans Thierfelder (1858–1930) nach Tübingen.

Thierfelder hatte in Rostock promoviert und war danach als Assistent zu Hoppe-Seyler nach Straßburg gegangen. 1891 wurde er Privatdozent, 1896 schließlich Ordinarius an der Universität in Berlin. In Tübingen setzte er zunächst seinen Forschungsschwerpunkt zu den chemischen Bestandteilen des Gehirns fort, ab 1913 untersuchte er vor allem das Verhalten körperfremder Substanzen in Tieren. Der Nachwelt ist er auch durch seine Fortschreibung des Analyse-Handbuchs von Hoppe-Seyler (Abb. 11) bekannt geblieben. Abseits des Lehrstuhls für physiologische Chemie machten sich bereits um die Jahrhundertwende in Tübingen zwei weitere Wissenschaftler um die Entwicklung der Biochemie und künftigen Genetik verdient. Eduard Buchner (1860–1917) war nur zwei Jahre lang, von 1896 bis 1898, als außer-

Abb. 25 Porträt Hans Thierfelder, entstanden in seiner Tübinger Zeit

Abb. 26 Porträt Eduard Buchner, 1898 (aus der Zeit seiner Professur in Tübingen)

Abb. 27 Porträt Carl Correns, 1897 (während seiner Zeit in Tübingen)

ordentlicher Professor für analytische und pharmazeutische Chemie in Tübingen tätig. In diese Zeit fällt allerdings seine Entdeckung und Erforschung der zellfreien Gärung, für die er 1907 mit dem Nobelpreis für Chemie ausgezeichnet wurde. Die Bedeutung dieser Entdeckung liegt vor allem darin, dass damit Enzyme als Katalysatoren, also als Helfer und Beschleuniger biologischer Prozesse identifiziert waren. Wichtige Grundlagen für die spätere Genetik legte Carl Correns (1864–1933), der ab 1892 als Privatdozent für Botanik an der Universität Tübingen tätig war. Er experimentierte im Botanischen Garten – dem heutigen Alten Botanischen Garten am Stadtgraben – mit Pflanzenkreuzungen, was ihn zur Wiederentdeckung der Mendelschen Regeln der Vererbung führte. Seine Forschungen konzentrierten sich anschließend vor allem auf die von ihm entdeckten Ausnahmen von diesen Regeln.

Nachfolger des Lehrstuhlinhabers Hans Thierfelder wurde 1928 Franz Knoop (1875–1946). Er entdeckte als junger Mediziner den Abbauweg der Fettsäuren im Organismus, die sogenannte ß-Oxidation. Nach weiteren bahnbrechenden Arbeiten, unter anderem zum Eiweißstoffwechsel, wurde er 1909 Professor für physiologische Chemie an der Universität Freiburg. Nach mehreren abgelehnten Berufungen folgte er dem Ruf auf den Lehrstuhl in Tübingen. In den Berufungsverhandlungen setzte Knoop einen Erweiterungsbau des Institutsgebäudes in der Gmelinstraße durch und erwirkte Mittel für zusätzliches Personal.

Abb. 28 Porträt Franz Knoop

Abb. 29 Porträt Carl Martius, um 1961 (Foto: Rudolf Freter)

Nach Kriegsende 1945 bat er altersbedingt um seine Emeritierung und übergab das Institut an Adolf Butenandt. Knoop war zwei Jahrzehnte lang Herausgeber der Zeitschrift für Physiologische Chemie und Mitgründer der Deutschen Physiologisch-chemischen Gesellschaft, der heutigen Gesellschaft für Biochemie und Molekularbiologie.

Von großer Bedeutung waren vor allem Knoops Beiträge zur Aufklärung des Citratzyklus, einem zentralen Vorgang im Energiestoffwechsel. Gemeinsam mit seinem Assistenten Carl Martius (1906–1993) klärte er in Tübingen wichtige Schritte in diesem Zyklus, verkannte aber dessen Kreislaufcharakter. In den Citratzyklus münden mehrere wichtige Stoffwechselwege, unter anderem auch die der Kohlenhydrate und der Fettsäuren (Abb. 30).

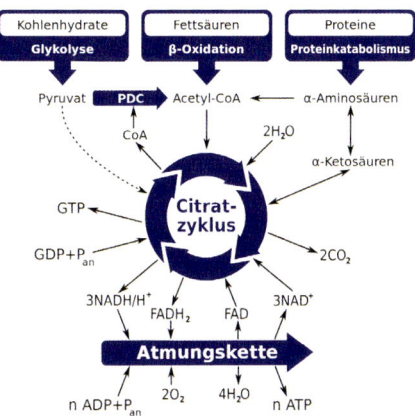

Als Adolf Butenandt (1903–95) im Jahr 1945 den Lehrstuhl in Tübingen übernahm, war er längst eine berühmte Forscherpersönlichkeit. Von der Presse als „Herr der Hormone" gefeiert, erhielt er 1939 den Nobelpreis für seine bahnbrechenden Forschungen über Sexualhormone. Er war auch ein Pionier der Genforschung und erkannte die Bedeutung von Viren als Modellorganismen in der Biochemie. Seine wissenschaftlichen Erfolge brachten ihm 1936 in Berlin die Stelle als Direktor des Kaiser-Wilhelm-Instituts für Biochemie ein. Während des Krieges zog das Institut nach Tübingen um und wurde 1948 von der Max-Planck-Gesellschaft übernommen. In Doppelfunktion als Direktor des Max-Planck-Instituts für Biochemie und Professor an der Universität wirkte er in Tübingen bis 1956. In diese Zeit fallen seine bedeutenden

Abb. 31 Porträt Adolf Butenandt, um 1970 (Foto: Werner Stuhler)

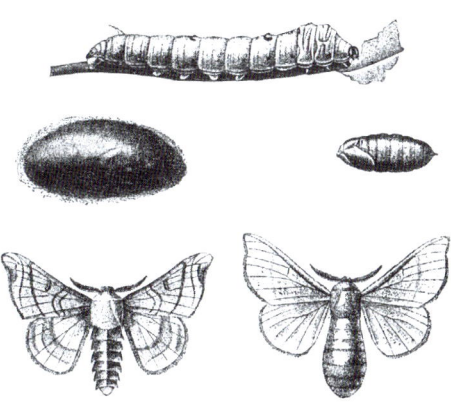

Abb. 32 Die Metamorphosen des Seidenspinners: Raupe (oben), Kokon und Puppe (Mitte), adulte Form als Schmetterling (unten)

Forschungen zu Insektenhormonen und -pheromonen. Was löst biochemisch die Verwandlung der Raupe in einen Schmetterling aus? Diese Frage beantwortete Butenandt, als ihm 1954 die erste Isolierung und Analyse eines Insektenhormons überhaupt gelang – dem „Verpuppungshormon" Ecdyson. Sein Testobjekt war die Raupe des Seidenspinners, dessen Aufzucht aus der Seidenproduktion gut bekannt war (Abb. 32). Nicht weniger als eine halbe Million männlicher Puppen war nötig, um schließlich 25 Milligramm des reinen Hormons zu gewinnen. Ebenfalls am Beispiel des Seidenspinners konnte Butenandt in Tübingen und München bis 1959 nachweisen, dass Insekten über Botenstoffe, sogenannte Pheromone, miteinander kommunizieren. Butenandt und seinen Mitarbeitern gelang es in jahrelanger Arbeit, den Sexuallockstoff des Seidenspinners aus mehreren hunderttausend Drüsen zu isolieren und damit erstmals ein Pheromon in ausreichender Menge für die Forschung zugänglich zu machen.

In Bezug auf die Institutionen biochemischer Forschung erlebte Tübingen in der Nachkriegszeit einen besonderen Aufschwung durch die hier angesiedelten Max-Planck-Institute. Neben Butenandts Kaiser-Wilhelm-Institut (KWI) für Biochemie zog in den 1940er Jahren auch das KWI für Biologie von Berlin nach Tübingen. Als führende Institutionen der außeruniversitären Grundlagenforschung wurden sie 1948 von der neugegründeten Max-Planck-Gesellschaft übernommen. Auf diese Weise wurde Tübingen zum Standort gleich zweier Max-Planck-Institute: dem MPI für Biochemie und dem MPI für Biologie.

Aus der gemeinsamen Arbeitsgruppe für Virusforschung ist 1954 das dritte Tübinger Max-Planck-Institut, das MPI für Virusforschung, hervorgegangen. Seine Gründung war ein Ausdruck der Erkenntnis, welch große Bedeutung Viren als Modellorganismen für das Verständnis von biologischen Prozessen haben. Adolf Butenandt hatte bereits als Direktor des Kaiser-Wilhelm-Instituts für Biochemie Forschungen in dieser Richtung angestoßen.

Gerhard Schramm (1910–69) war ein Pionier der Virenforschung und zog mit Butenandts Institut einst von Berlin nach Tübingen; 1956 wurde er dann Direktor am Max-Planck-Institut für Virusforschung. Durch seine Studien am Tabakmosaikvirus wurde Schramm zu einem grundlegenden Forscher auf dem Gebiet der Genetik und der Molekularbiologie: Ihm gelang unabhängig von Oswald Avery der Nachweis, dass die Nukleinsäuren Träger der genetischen

Abb. 33 Porträt Gerhard Schramm, 1960 (Foto: Charlotte Gröger)

Abb. 34 Porträt Günther Weitzel (Foto: Thilo Weitzel, CC BY-SA)

Information sind. Für diese bahnbrechende Erkenntnis gab es erstaunlicherweise nie einen Nobelpreis – weder für Avery und seine Mitarbeiter, noch für Schramm. Institutionelle Veränderungen erlebte auch die Biochemie an der Universität nach der Übernahme des Lehrstuhls 1957 durch Günther Weitzel (1915–84). In den Berufungsverhandlungen setzte Weitzel einen großzügigen Neubau für das Physiologisch-Chemische Institut durch. Das Gebäude wurde 1959 bis 1964 am Rande des künftigen Klinikgeländes und in Nachbarschaft zum neuen Universitäts-Campus Morgenstelle erbaut. Die Mittelstellung der Biochemie zwischen den naturwissenschaftlichen Grundlagendisziplinen

Abb. 35 Eingänge an beiden Schmalseiten verbinden den Neubau der Biochemie mit dem Naturwissenschafts-Campus und dem neuen Klinikgelände

Abb. 36 Der Innenhof des Seidlein-Gebäudes mit Brunnenanlage und Sitz-bänken, um 1965

Abb. 37 Der große Praktikumssaal der Biochemie auf dem Schnarrenberg (Foto: Wernher Goebel, um 1965)

und der Medizin zeigte sich damit auch durch die räumliche Lage des neuen Domizils.

Der leitende Architekt des Gebäudes war Peter von Seidlein, ein Schüler des berühmten Architekten Mies van der Rohe. Seidlein hatte bereits einige Jahre zuvor für Aufsehen gesorgt, als er den 1. Preis im Wettbewerb um das neue Landtagsgebäude in Stuttgart gewann, den Auftrag aber letztlich doch nicht erhielt. Für seinen Institutsbau in Tübingen, der architektonisch an die Tradition der klassischen Moderne anknüpft, erhielt er schließlich viel Lob und Anerkennung. Das Gebäude stand lange Zeit unter Denkmalschutz, verlor seinen Status aber durch Modernisierungen, die unter anderem aus Brandschutzgründen notwendig geworden waren. Fotos aus dem Jahr 1964 lassen die einstige Eleganz

der klaren Formensprache erkennen – beispielsweise in den
Elementen des Innenhofs, der heute gestalterisch etwas
aus den Fugen geraten ist. Das alte Institutsgebäude in der
Gmelinstraße wurde nach 1966 aufgegeben und schließlich
abgerissen. Dasselbe Schicksal wird bald auch den Seidlein-
Bau ereilen: In den kommenden Jahren (Stand 2015) soll
das Gebäude einer Erweiterung des Universitätsklinikums
weichen und durch einen Neubau an anderer Stelle ersetzt
werden.

Ebenfalls dem Engagement von Günther Weitzel ist es zu
verdanken, dass 1962 Tübingen die erste Universität in
Deutschland war, die einen eigenständigen Diplomstudi-
engang für Biochemie anbot. Als Indiz für die Qualität der
Ausbildung mag gelten, dass der Studiengang bereits zwei

Nobelpreisträger unter seine Absolventen zählen darf: Christiane Nüsslein-Volhard (Diplom in Tübingen 1968, Nobelpreis 1995) und Hartmut Michel (Diplom in Tübingen 1974, Nobelpreis 1988).

Wissenschaftlich machte sich Günther Weitzel um die biochemische Bedeutung des Zinks verdient und erforschte tumorhemmende Stoffe, Lipide, Insulin und insulinähnliche Substanzen. Ab 1966 war er Mitherausgeber der von Felix Hoppe-Seyler begründeten „Zeitschrift für Physiologische Chemie". Er interessierte sich darüber hinaus für die populärwissenschaftliche Vermittlung seines Fachs und dachte geradezu visionär auch über die weltanschaulichen Folgen einer künftigen Genetik nach.

Das Physiologisch-Chemische Institut formierte sich 2004 als „Interfakultäres Institut für Biochemie" (IFIB) neu und ersetzte dabei nicht nur die etwas veraltete Bezeichnung „physiologische Chemie" durch den heute üblichen Namen dieser Wissenschaft. Es trug auch seiner disziplinären Verankerung in verschiedenen Fakultäten der Universität Rechnung, denn die Forschungsschwerpunkte haben zum großen Teil auch einen engen Bezug zur Medizin, zur Pharmakologie sowie zur Zell-, Molekular- und Mikrobiologie.

HISTORISCHE LABORGERÄTE

Aus der Zeit des Schlosslabors, also bis 1886, sind mehr als dreißig biochemische Präparate erhalten geblieben (siehe etwa Abb. 13, 14, 16–18): Sie tragen ihre Herkunft meist als Aufschrift in Form gedruckter Beschriftungsetiketten, „Schloss-Laboratorium Tübingen". Drei große Steingutgefäße, eines davon laut Aufschrift für Kalk (Abb. 42) stammen vermutlich ebenfalls aus dem Schlosslabor. Zu den wenigen Laborgeräten aus dieser Zeit gehören die eiserne Retorte (Abb. 39) und eine – möglicherweise noch ältere – einfache Balkenwaage (Abb. 41), deren Schalen aus Horn gefertigt sind. Die Aufschlusstiegel (Abb. 40) dienten zum Aufschmelzen von Substanzen mit chemischen Hilfsstoffen bei hoher Temperatur.

Der größte Teil der historischen Laborgeräte in der Sammlung der Biochemie stammt aus der Zeit von Anfang bis Mitte des 20. Jahrhunderts, also aus dem alten Physiologisch-Chemischen Institut in der Gmelinstraße (Beispiele in Abb. 43–49). Die Instrumente zur Bestimmung der Hämoglobin-Konzentration im Blut (Abb. 43 und 44) dokumentieren die lange Tradition der Tübinger Biochemie in der Erforschung des Hämoglobins. Das Mikro-Ionometer (Abb. 45) diente zur Bestimmung des pH-Werts einer Lösung durch Messung der Wasserstoffionen-Aktivität.

Abb. 39 Eiserne Retorte, aus dem Schlosslabor

Abb. 40 Aufschlusstiegel, aus dem Schlosslabor

Abb. 41   Balkenwaage, aus dem Schlosslabor

Abb. 42 Vorrats- und Transportgefäß für Kalk, aus dem Schlosslabor

Abb. 43   Hämoglobinometer nach Bürker, 1936

Abb. 44   Farbstab-Haemometer OKA

Abb. 45 Mikro-Ionometer nach Lautenschläger mit Kompensations-pH-Meter im Deckel, um 1940

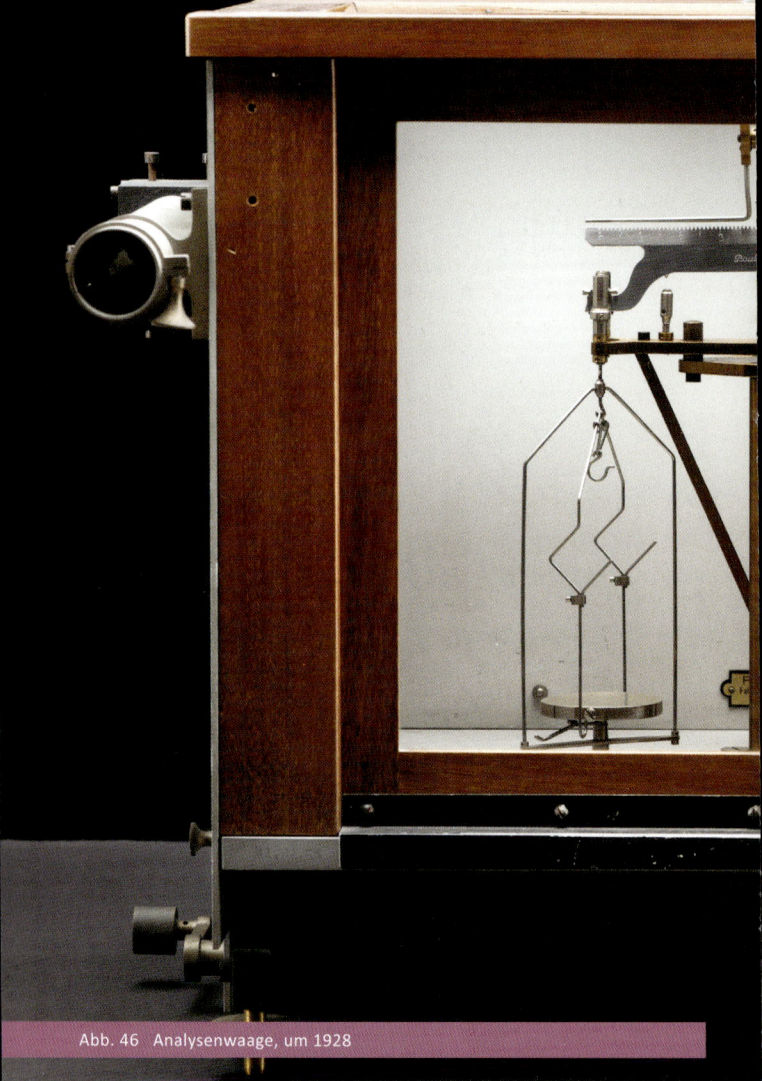

Abb. 46   Analysenwaage, um 1928

Abb. 47 Quarzdestille

Abb. 48 Spektrometer (Detail)

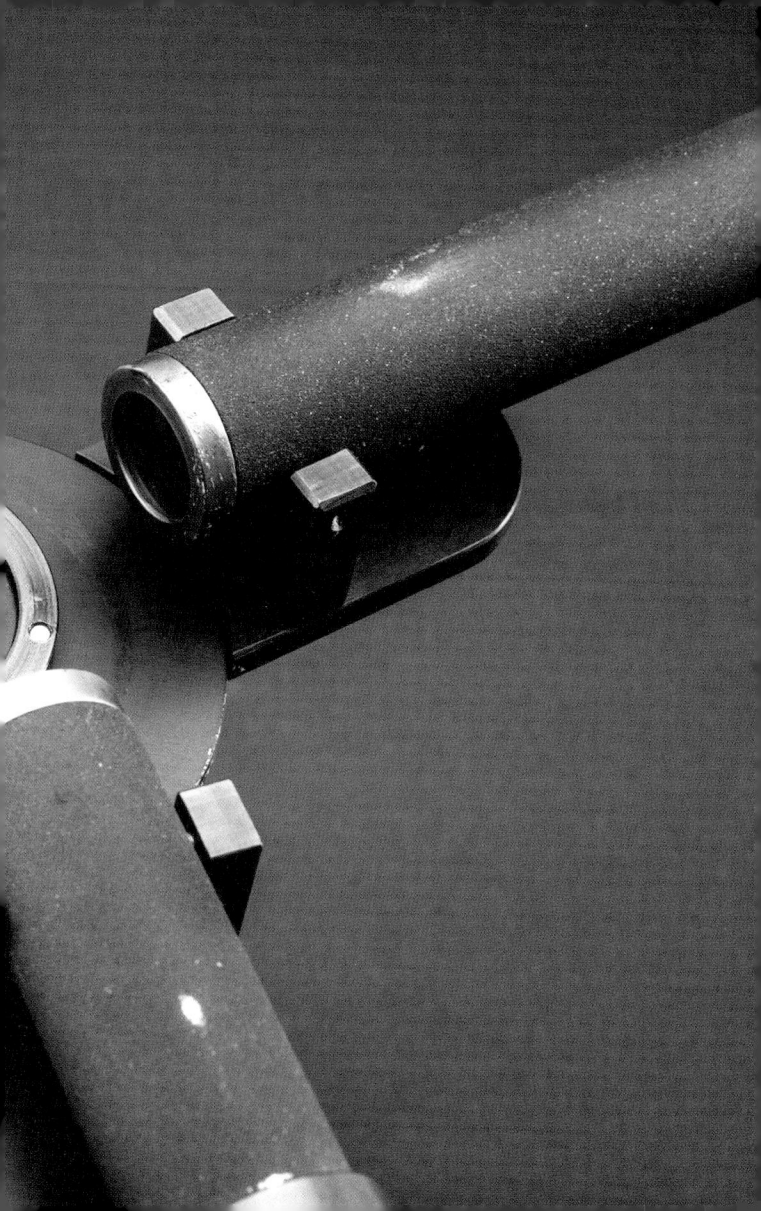

Abb. 49 Zentrifuge

LITERATUR

Bohley, Peter: Das Schloßlabor in der Küche von Hohentübingen. Wiege der Biochemie (= Tübinger Besonderheiten 2), Tübingen 2009

Chemiker des 19. Jahrhunderts in Tübingen, bearb. von Bernd Stutte, Kat. Universitätsbibliothek Tübingen, Tübingen 1991

Dahm, Ralf: „Discovering DNA. Friedrich Miescher and the early years of nucleic acid research", in: Human Genetics, 122/2008, Heft 6, S. 565–581

Ders.: „From discovering to understanding. Friedrich Miescher's attempts to uncover the function of DNA", in: EMBO reports, 11/2010, S. 153–160

Ders.: „Der vergessene Entdecker der DNA", in: Spektrum der Wissenschaft, 7/2010, S. 50–57

Hermann, Armin / Wankmüller, Armin: Physik, Physiologische Chemie und Pharmazie an der Universität Tübingen (= Contubernium 21), hg. von Wolf von Engelhardt, Tübingen 1980

Heße, Fritz: Professor Dr. med. et chir. Julius Eugen Schlossberger (1819–1860). Begründer der physiologischen Chemie in Tübingen.

Leben und Werk (= Düsseldorfer Arbeiten zur Geschichte der Medizin 45), Diss. Düsseldorf 1976

Hoppe-Seyler, Georg: „Felix Hoppe-Seyler – Arzt und Naturwissenschaftler", in: BIOspektrum, 20/2014, S. 823 f.

Hundert Jahre Mathematisch-naturwissenschaftliche Fakultät [der Eberhard-Karls-Universität zu Tübingen]. Dokumente, Instrumente, Modelle, hg. vom Kulturamt der Stadt Tübingen, Kat. Universität Tübingen (= Tübinger Kataloge 8), 1963

Schling-Brodersen, Uschi / Bonk, Michael: Geschichte der Biochemie. Essay, in: Lexikon der Biologie, Redaktion Rolf Sauermost und Doris Freudig, Heidelberg 1999, online verfügbar unter: http://www.spektrum.de/lexikon/biologie/geschichte-der-biochemie/8574

Vöckel, Anja: Die Anfänge der physiologischen Chemie. Ernst Felix Immanuel Hoppe-Seyler (1825–1895), Diss. Berlin 2003

Voelter, Wolfgang: Zwanzig Jahre Biochemiestudium an der Universität Tübingen, Tübingen 1983

ABBILDUNGEN UND DANK

Die Fotos der Exponate stammen, soweit nicht anders gekennzeichnet, von Valentin Marquardt.

Unser Dank gilt all denjenigen, die das historische Erbe der Tübinger Biochemie über Jahrzehnte hinweg gepflegt, vermittelt oder erforscht haben. Dies waren in jüngerer Zeit insbesondere Peter Bohley, Ralf Dahm, Alfons Renz und Klaus Möschel.

Ein besonderer Dank geht an Ingmar Hoerr, CEO des Tübinger Biopharma-Unternehmens CureVac AG, das die museale Einrichtung des Schlosslabors aus Geldern eines europäischen Forschungspreises finanzierte, sowie an Verena Lauterbach.

ÜBER DEN AUTOR

Thomas Beck studierte Physik, Philosophie und Kunstgeschichte in Karlsruhe und Berlin. Seine museologische Ausbildung absolvierte er an der Freien Universität Berlin, das wissenschaftliche Museumsvolontariat am Museum der Universität Tübingen MUT. Er ist Autor mehrerer wissenschaftshistorischer Publikationen, Mitherausgeber einer Quellentext-Edition zur ästhetischen Wissenschaft im 19. Jahrhundert und war 2013 Co-Kurator der Sonderausstellung „Wie Schönes Wissen schafft" an der Universität Tübingen. Ab 2014 war Thomas Beck freier Mitarbeiter am MUT und verantwortete als Kurator die Dauerausstellung „Schlosslabor Tübingen – Wiege der Biochemie".

IMPRESSUM

Kleine Monographien des MUT
Herausgegeben von Ernst Seidl und Frank Duerr

Band 3

Thomas Beck

Schlosslabor Tübingen
Wiege der Biochemie

Gestaltung: Frank Duerr, Daniel Zinser, Thomas Beck
Fotografien: Valentin Marquardt Photography
Druck: Gulde Druck, Tübingen

ISBN: 978-3-9816616-8-2

FÖRDERER